U0006244

CHANGING WORLD

HELP!

Cold Data for a Warming Planet

氣候暖化的冷數據

看 圖 秒 懂 地球改變中

大衛．吉柏森 David Gibson —— 著

曾智緯 —— 譯

我們居住的神奇星球正
在日益暖化，其影響
不容忽視。我們必須
認清人類對地球造成
什麼傷害？又該採取
什麼措施以力挽狂瀾？
拾起本書便是一個好的
開始，繼續讀下去，
你將會了解：

地球的氣候現況

它如何影響海洋

與陸地

以及生活在
其中的萬物

發生的原因

我們該如何阻止
情況惡化

水星

距離太陽約
一億五千兩百萬公里

金星

地球

地球是目前已知唯一可
孕育生命的行星

火星

木星

土星

天王星

海王星

大氣層保護我
們免於紫外線
輻射傷害

大氣層

78%氮、21%氧、0.9%氬、其他氣體0.1%

大氣層內微小的
氣體變化，都會
使地球氣候產生
巨變。

大氣層就像一張毯子，
讓地球冷熱適中，
適合動植物生存。

天氣 與 氣候

天氣指的是
大氣層內每天
發生的事件

氣候指的是
長期（百年以上）
的天氣狀況

天氣可能
只與大氣層內
的單一狀況
有關

氣候涵蓋
大氣層內所有
狀況，包括溫
度、風、濕度
與氣壓。

天氣時時
刻刻都可能
發生變化

氣候的
變化需要
長期醞釀

研究天氣
的科學稱為
「氣象學」

研究氣候
的科學稱為
「氣候學」

化石燃料是由生物殘骸經歷數百萬
年而形成的含碳資源，例如：煤、
石油、天然氣等皆是。

當我們燃燒化石燃料產生能量時，
會將碳以二氧化碳的形式排入大氣中

碳
足
跡

碳足跡
是每個人使用
與消耗物品
所產生的
二氧化碳總量

運輸

冷暖氣

食物

衣物

電器

個人平均
碳足跡為
每年 4.7 公噸
二氧化碳

地球各圈層
如何協力運作

生物圈
所有生物，包括動物、
植物、有機體。

降雨

動物採食
植物

植物需要水

動物飲水

植物生長
於陸地

匯流成河

岩石圈
所有陸地，包括岩石、
土壤、沙灘、岩漿。

生物死後腐爛
成為土壤

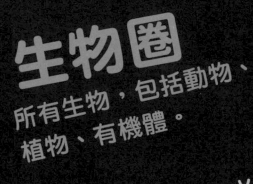

大氣層

保護地球的一層氣體，不僅使我們保持溫暖，同時含有我們呼吸的空氣。

風吹動雲

動物需要呼吸空氣

水蒸發成雲

冷空氣有助於調節氣溫

白雪與冰反射太陽輻射

動物生活於水中

動物獵食動物

水圈

所有水，包括海洋、雨水、河流。

冰凍圈

所有結凍的水，包括極地冰雪、永凍層、冰河。

什麼是溫室氣體排放？

因人類的活動而排入空氣中的化學物質，改變了大氣的化學平衡，導致其吸收過多熱量。

CO$_2$

二氧化碳是一種自然產生的溫室氣體，有助於地球保持溫暖。諸如砍伐森林、燃燒化石燃料等人為活動，會向大氣釋放大量多餘的二氧化碳。

76%

CH$_4$

甲烷是由畜牧業、燃燒煤礦與天然氣，以及垃圾掩埋場分解所產生。其吸收的熱量高於二氧化碳，因此占比雖少卻十分有害。

16%

N$_2$O

一氧化二氮是由農業肥料、工業、清潔廢水所產生。它會破壞大氣中薄薄的臭氧層，而臭氧層能吸收有害的紫外線。

6%

CFCs

氟氯碳化合物是一種強大的合成溫室氣體，各種家庭與工業活動都會排放該氣體。它們比其他氣體能吸收更多熱量，因此格外危險。

2%

溫室

太陽輻射

足量的熱能散逸到太空中，使地球保持涼爽。

自然形成的溫室氣體

大氣層

陽光穿透溫室氣體，留下部分熱能，使地球維持在舒適氣溫。

效應

太陽輻射

過少的熱能散逸到太空中，使地球過熱。

人為增加的溫室氣體

過多溫室氣體會導致過多熱能殘留，使地球升溫至危險程度。

人口成長
二氧化碳排放量
以及全球氣溫變化
1850-2022-2100*

全球溫度是
綜合陸地與海面
氣溫的測量值
計算得出

1950
人口 25 億
二氧化碳 60 億公噸
0.1℃

1900
人口 16 億
二氧化碳 20 億公噸
-0.25℃

1850
人口 12 億
二氧化碳 1 億 9600 公噸
0℃

2100
人口 109 億
二氧化碳 650 億公噸
4.5℃

2060
人口 97 億
二氧化碳 430 億公噸
2.2℃

2020
人口 78 億
二氧化碳 350 億公噸
1.1℃

2000
人口 60 億
二氧化碳 250 億公噸
0.3℃

如果把地球歷史濃縮成一天，

45 億年前   40 億年前   單細胞生物

地球成形

多細胞生物   16 億年前

有細胞核

7 億 5000 萬年前   動物

人類直到最後四秒才登場

的生物　22 億年前

20 萬年前
人類

2 億 1000 萬年前　哺乳類

2 億 3000 萬年前　恐龍

4 億 4000 萬
年前　陸上植物

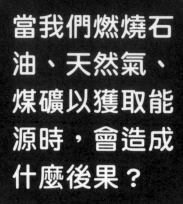

當我們燃燒石油、天然氣、煤礦以獲取能源時，會造成什麼後果？

溫室氣體排入大氣中

永凍層解凍，釋放甲烷。

地球

影響動物棲地

更多森林野火

植物無法生長

雨量減少導致乾旱

部分地區天氣變得更為乾熱

更多疾病

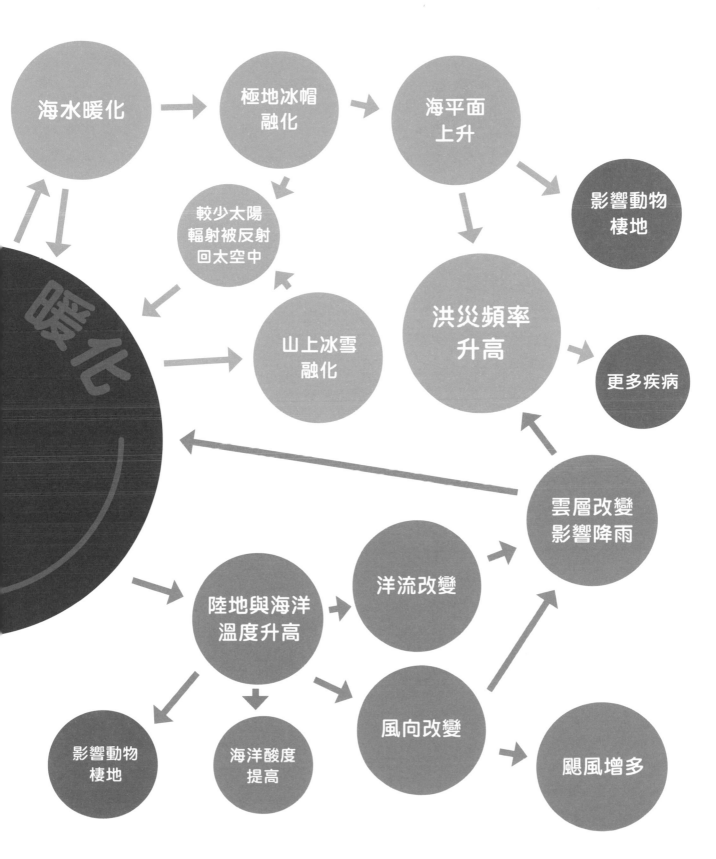

根據預測，全球氣溫到 2033 年會增加 1.5℃，
到 2060 年更會增加 2℃。

氣溫增加 0.5 度意謂著什麼？

1.5℃ 3 億 5000 萬人
面臨乾旱

1.5℃ 海平面升高
40 公分

1.5℃ 6% 的昆蟲族群
數量將減半

1.5℃ 70% 的珊瑚礁
消失

1.5℃ 11 億人口面臨
極度高溫

1.5℃ 8% 的植物族群
數量將減半

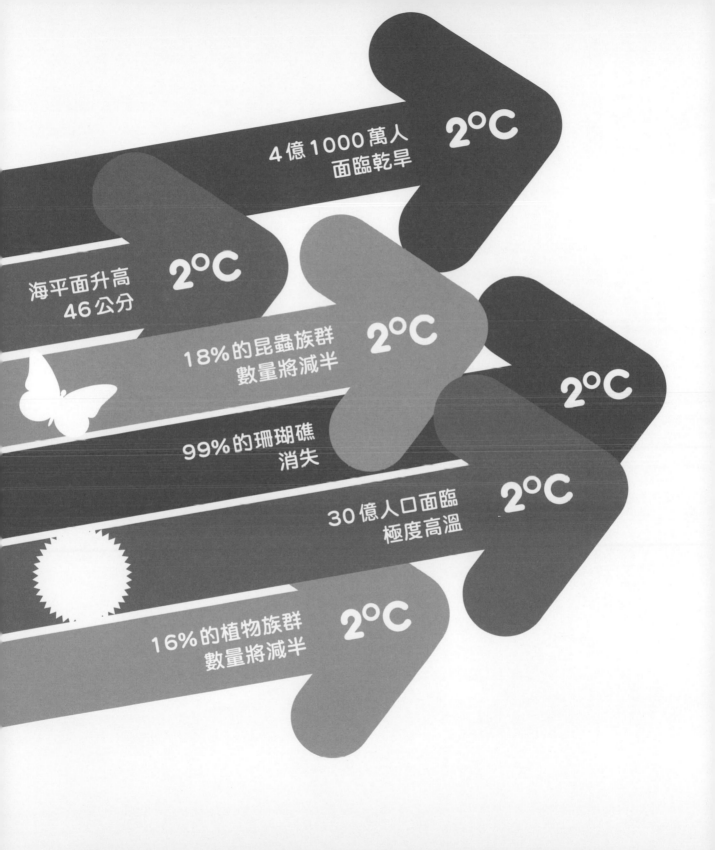

地球氣候與全球暖化

熱帶

熱帶地區大多氣候乾燥，只有地球中央一小塊區域雨量豐沛。熱帶邊緣的乾燥區正以每十年五十公里的速度向兩極擴張，而多雨區正日益縮小。

溫帶

溫帶氣候為夏暖冬涼，全年有雨。天氣會變得更加極端，部分溫帶地區將遭逢乾旱，部分地區則將面臨洪災。

亞熱帶

亞熱帶氣候為夏季濕熱，冬季溫和。此區的天氣模式日益極端，颶風、龍捲風發生的頻率更高，沙漠範圍也逐漸擴張。

極地

極地區的暖化速度是全球平均值的兩倍，冰蓋融化導致海平面上升，永凍層解凍則會釋放出甲烷。

碳循環

CO₂
大氣中的二氧化碳

綠色植物
將二氧化碳轉
化為氧氣

氧氣

動物

分解

化石與
化石燃料

我們的溫室氣體排放來源？

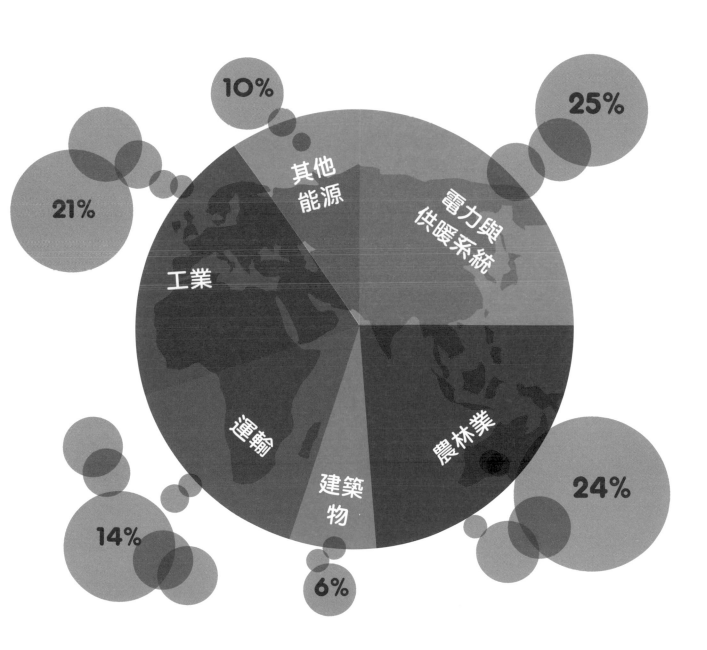

10%

25%

21%

其他能源

電力與供暖系統

工業

運輸

農林業

建築物

24%

14%

6%

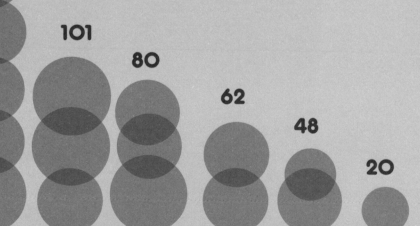

自1750年起，全球各國二氧化碳排放量

（單位為十億公噸）

- 399　美國
- 273　歐盟27個成員國
- 200　中國
- 101　俄羅斯
- 80　英國
- 62　日本
- 48　印度
- 20　南非

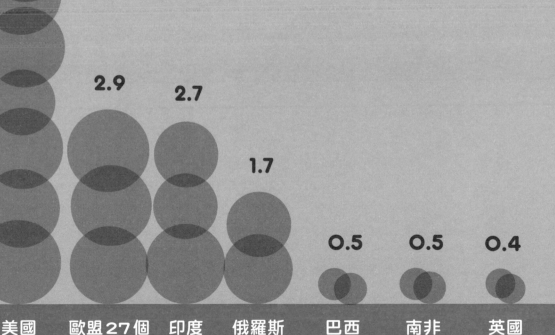

目前全球各國
二氧化碳
年排放量
（單位為十億公噸／每年）

10.5

5.3

2.9

2.7

1.7

0.5 0.5 0.4

中國　　美國　　歐盟27個　印度　俄羅斯　　巴西　　南非　　英國
　　　　　　　　成員國

什麼是碳匯？

碳匯是大自然吸收二氧化碳的方式。

深海

海面

珊瑚礁

土壤與植物

森林

什麼是碳源？

碳源會將碳釋放到大氣中

旅行

燃燒化石燃料以獲取能源

畜牧

什麼是
碳中和？

排放
二氧化碳

吸收
二氧化碳

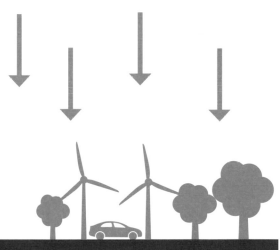

碳排放量

與碳匯的吸收和
儲存量達成平衡

碳捕捉

碳匯正因人
類活動而遭
到破壞

因此人類發明新
科技，以捕捉我
們製造的過剩二
氧化碳。

工廠需要將二氧化
碳從其排放的廢氣
中分離出來

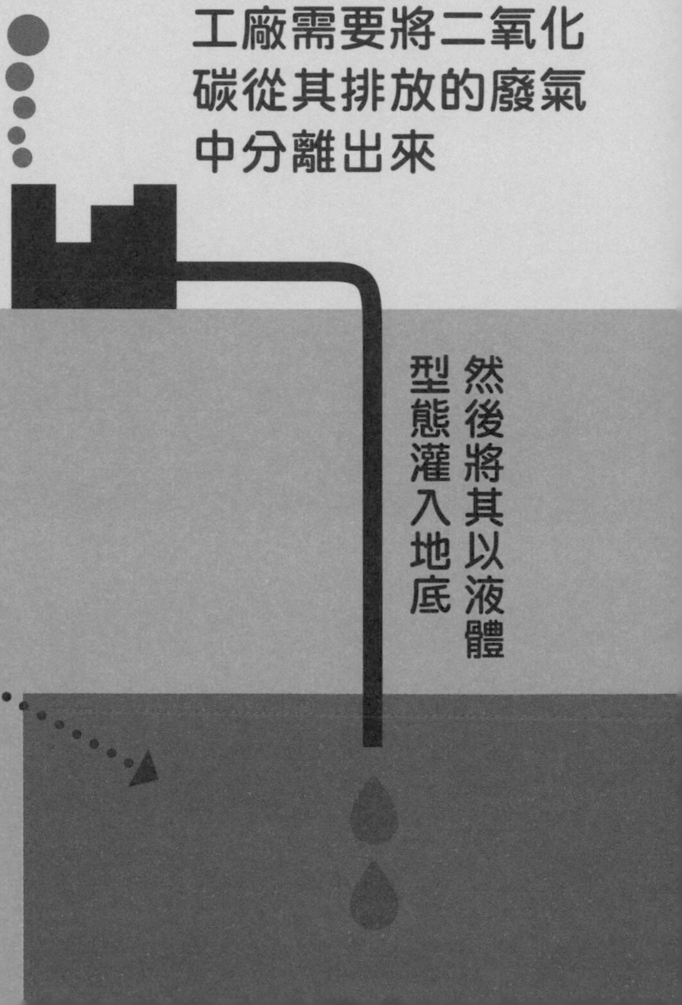

然後將其以液體
型態灌入地底

一座防漏的地
下碳儲存槽

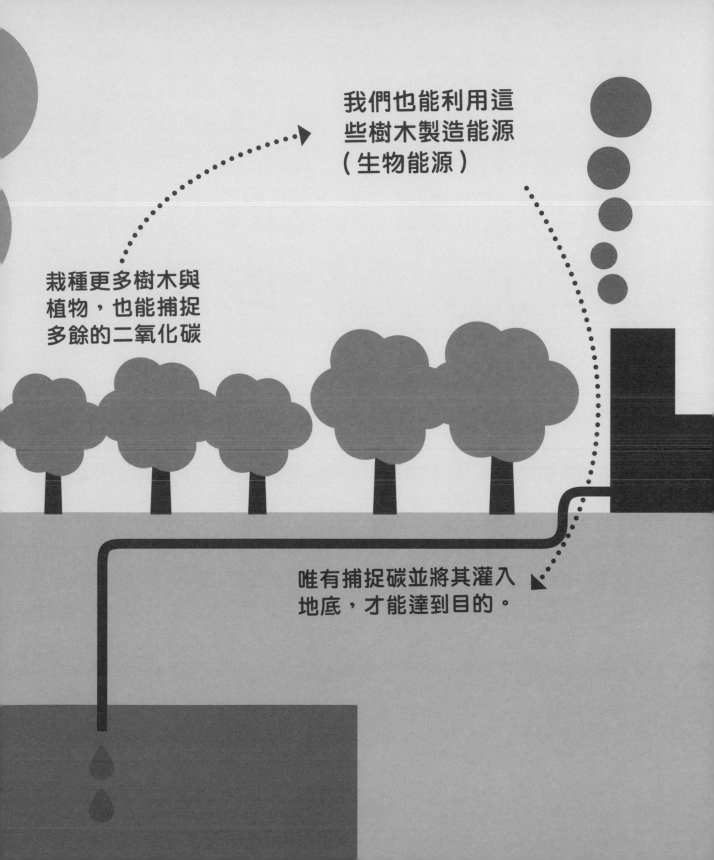

我們也能利用這些樹木製造能源（生物能源）

栽種更多樹木與植物，也能捕捉多餘的二氧化碳

唯有捕捉碳並將其灌入地底，才能達到目的。

多餘的二氧化碳都到哪裡去了？

多餘的熱能都到哪裡去了？

大氣層
45%

生物圈
28%

海洋
27%

大氣層
2.5%

海洋
93%

陸地
2%

冰凍圈
2.5%

北極圈海冰融化了多少？

俄羅斯

芬蘭

瑞典

挪威

1984年9月 720萬平方公里

英國

冰島

2021年9月
470萬平方公里

格陵蘭

北極圈海冰

阿拉斯加
（美國）

加拿大

脆弱的海洋

海洋覆蓋 **70%** 的地球面積，它們正日益暖化。

海洋吸收全球 **30%** 的二氧化碳

二氧化碳愈多，將會提高海水的酸度，導致甲殼動物難以生成甲殼。

25%的海洋物種以珊瑚礁為家

按照目前全球暖化速度，未來二十年內高達 **90%** 的珊瑚礁將死亡。

海冰融化
導致海平
面升高

颱風形成
於溫暖水域上
方，因此發生
頻率會提高。

浮游植物是海洋表
面的微小植物。它
們吸收大量二氧化
碳，並將其轉化為
氧氣。五十年來，
海洋暖化導致其數
量減少了40%。

熱能從
溫暖水域
送往兩極

海洋暖化迫使魚
類遷徙至更冷的
海域，改變了生
態系統。

魚是冷血動物，對溫度變
化相當敏感。海洋暖化導
致許多物種瀕臨滅絕。

如果海平面
按照目前速度
持續上升

杜拜

上海

雪梨

里約熱內盧

阿姆斯特丹

威尼斯

倫敦

紐約

加爾各答

雅加達

檀香山

公尺	年
10公尺	700
9公尺	
8公尺	
7公尺	
	500
6公尺	
5公尺	
4公尺	
	300
3公尺	
2公尺	
	150
1公尺	
	75

洋流如何把塑膠碎片匯集成巨大垃圾帶

9300
億片

大西洋

太平洋

4900
億片

3000
億片

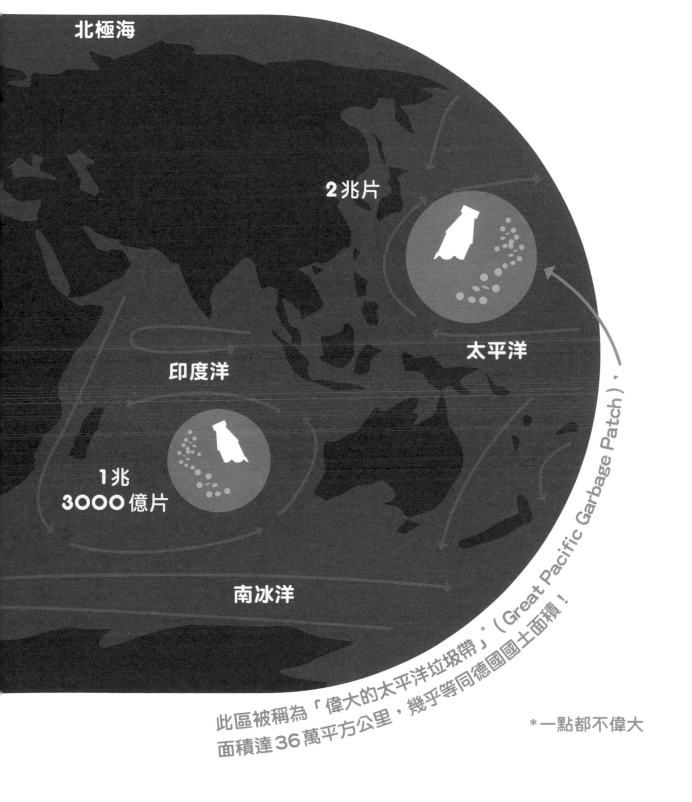

北極海

2兆片

印度洋

太平洋

1兆
3000億片

南冰洋

此區被稱為「偉大的太平洋垃圾帶」*（Great Pacific Garbage Patch），
面積達 36 萬平方公里，幾乎等同德國國土面積！

*一點都不偉大

塑膠

包裝
1億4600萬

全球每年會生產幾百萬公噸的塑膠？

過去七十年一共生產了超過95億公噸的塑膠，相當於全球每人平均可分得超過1公噸。

建築
6500萬

紡織
5900萬

消費性產品
4200萬

運輸
2700萬

電器
1800萬

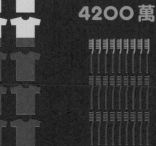

又有多少
被浪費了？
廢棄塑膠
的去向？

9%
回收

19%
焚化

50%
掩埋場

22%
垃圾場或
隨意丟棄

塑膠垃圾如何流入全球海洋？

全球每年製造
2億7500萬公噸
塑膠垃圾

其中1億公噸
分布在距海岸
五十公里以內
之處

3200萬公噸
的沿海塑膠垃圾
未被妥善丟棄

800萬公噸塑膠
垃圾流入海洋

海洋裡的塑膠種類

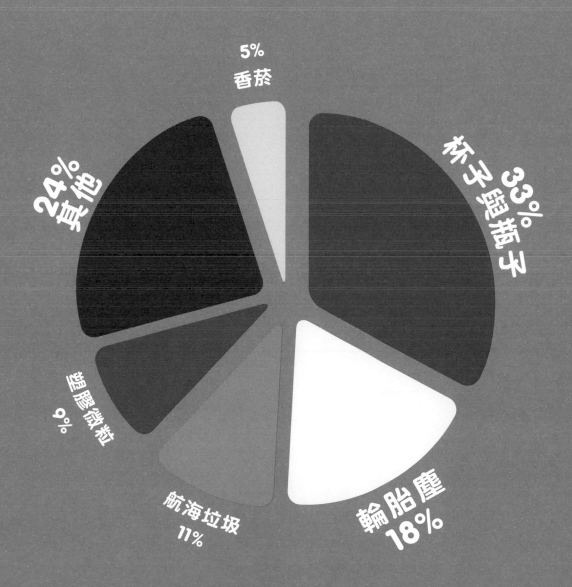

5%
香菸

33%
杯子與瓶子

24%
其他

輪胎塵
18%

塑膠微粒
9%

航海垃圾
11%

塑膠如何危害海洋生物？

700
種海洋生物正因為
塑膠而瀕臨滅絕

每年有
100,000
隻海洋哺乳動物
因塑膠致死。

約 **300,000**
隻鯨魚、海豚、鼠海豚，
被廢棄漁網纏身而死。

近來有一隻鯨魚
被發現胃中有
40公斤
塑膠

超過
90%
海鳥
胃中有塑膠

塑膠殘骸
每年造成超過

100萬
隻海鳥死亡

52%
海龜
曾誤食塑膠垃圾

70%
魚類
胃中有塑膠

什麼是珊瑚礁？
它們為何如此重要？

海中雨林

（註：珊瑚礁是由珊瑚
　　蟲構成的結構。）

珊瑚蟲是一種
會在自身外圍
形成硬殼的小
型海洋生物

有四分之一的
海洋生物以珊
瑚礁為家

珊瑚礁會
形成一種屏障，
保護海岸不受海
嘯、海浪、洪水
的襲擊。

珊瑚礁令人驚豔
的色澤來自於珊
瑚蟲食用的藻類

珊瑚礁是動物們
避難、覓食和產卵之處。

全球珊瑚礁現況如何？

氣候變化與環境污染使海水暖化且變酸

20% 的珊瑚礁在過去三十年內消失

60% 的珊瑚礁有可能在2030年前消失

珊瑚蟲賴以維生的藻類無法生存，因此離開。

住在珊瑚礁裡的奇妙海洋生物將會死亡或離去

珊瑚礁白化：要是沒有藻類，珊瑚蟲就會失去顏色與食物來源，最終將死去。

什麼是光合作用？

二氧化碳 (CO₂)

氧氣

植物吸收水分與二氧化碳。利用來自日光的能量，將其轉化為氧氣。

水 (H₂O)

讓我們保持涼爽
樹木阻擋陽光，
讓空氣涼爽，
降低氣溫。

降低二氧化碳
樹木吸收二氧化
碳，並將其儲存
於樹葉、樹枝與
樹根中。

形成屏障
保護我們免受
風雨侵襲

其他物種的棲息地
樹木是許多
動物、昆蟲與
其他植物的家

清淨空氣
濾除汽車
與工業帶來
的污染物

調節水源
樹葉與樹根
吸收水分，降低
洪災的風險。

為何樹木
（及其他植物）
如此重要？

為何雨林如此重要？

大量白雲
在雨林上方成形，
反射陽光並降雨。

樹葉上的水分蒸發可使
空氣降溫，形成更多雲。

樹木與植物
生長時，從空氣
中吸收碳，降低
大氣中的二氧
化碳含量。

露生層

樹冠層

數百萬動物與昆蟲
居住在雨林中

四分之一的
天然藥材都是在
雨林中發現

灌木層

地面層

大量的水被儲存在樹根，幫助避免洪災。

亞馬遜雨林生物

亞馬遜雨林
占全球陸地
面積3%

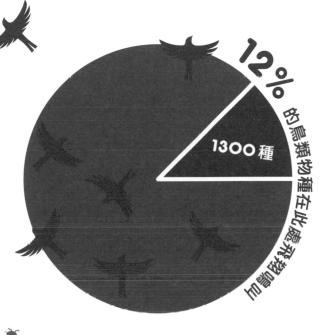

12% 的鳥類物種在此處飛翔翱翔

1300種

25% 的植物種類在此處生長

80,000種

8% 的哺乳類物種在此處奔跑、攀爬、擺盪

430種

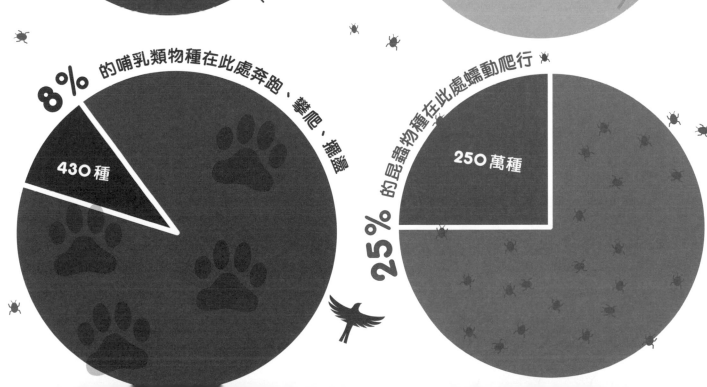

25% 的昆蟲物種在此處蠕動爬行

250萬種

每年有
10 萬平方公里
的森林被砍伐

巴黎
2700平方公里

洛杉磯
4300平方公里

德里
1300平方公里

東京
7000平方公里

紐約
780平方公里

里約熱內盧
1300平方公里

上海
6300平方公里

雪梨
1700平方公里

倫敦
1600平方公里

墨西哥城
1500平方公里

拉哥斯
1200平方公里

亞馬遜地區
80%的森林砍伐，
都是為了畜牧
牛隻以取得牛肉
與乳製品。

如果雨林持續被摧毀，會帶來什麼後果？

如果持續砍伐森林，亞馬遜雨林將在 100 年內消失。

- 樹木變少，連帶減少水氣蒸發量，雨量隨之降低。
- 樹木變少，較少水儲存於樹根中。
- 樹木變少，較少二氧化碳被吸收。
- 動植物失去棲息地

- 氣溫升高，更多旱災。
- 更多洪災
- 大氣中更多二氧化碳
- 物種瀕危

- 更多森林野火
- 地球的生物多樣性降低

濕地 樹沼 與 草沼

35%
的濕地在過去
五十年間因
人類活動而消失

95%
的濕地可能會因為
氣候變遷導致的
海平面上升而消失

一旦濕地消失，
我們便失去了重要
的碳匯，同時也會
把濕地儲存的碳釋
放到大氣中。

濕地可以
過濾水源，
提供乾淨的
飲用水。

濕地儲存碳
的速度比雨林快
10倍

濕地可儲存的
陸基碳，超過
了全球含量的
三分之一。

凍原

全球最冷地區的貧瘠荒地

全球暖化導致
永凍層的溫度在
過去三十年
上升了2℃

當永凍層解凍，
儲存在其中的有機質
會腐壞，將二氧化碳
與甲烷排入大氣。

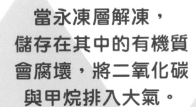

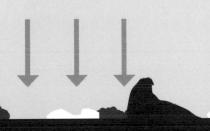

永凍層

永遠維持凍結的地面，
常見於高山地區與南北極。

北半球有
25%
的地面底下
含有永凍層

陸地上有
50%
的碳儲存於
永凍層中

氣候變遷
如何影響自然世界？

人類活動導致
氣候變遷

燃燒
化石燃料

摧毀
自然棲地

氣候變遷

氣候變遷
影響人類與
大自然

氣溫升高

改變
海洋棲地

海洋暖化

森林縮減
碳儲存量減少

冰雪融化

自然環境被破壞
導致氣候變遷

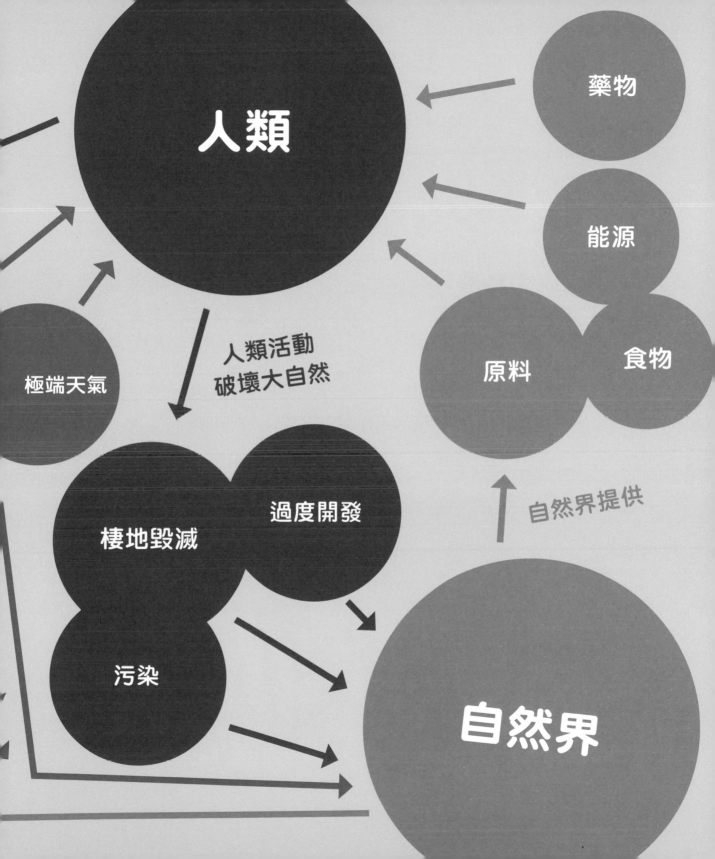

人類愈多
動物愈少

人口數量
增加了 103%

野生脊椎動物數量
減少了 68%

1970   2016   1970   2016

瀕危動物物種

25%
的物種面臨
滅絕危機

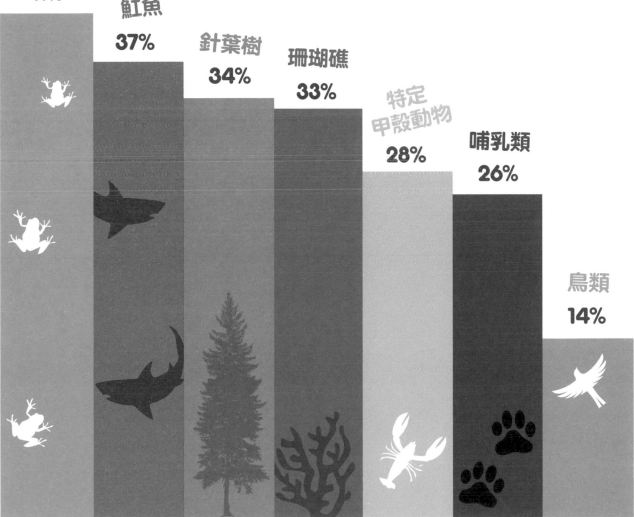

兩棲類
41%

鯊魚與
魟魚
37%

針葉樹
34%

珊瑚礁
33%

特定
甲殼動物
28%

哺乳類
26%

鳥類
14%

氣候變遷與極端天氣事件

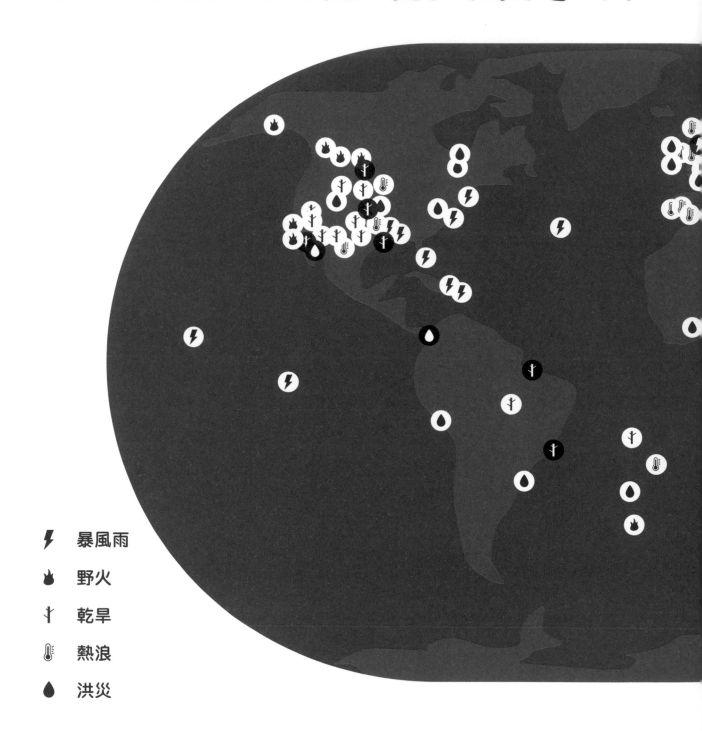

⚡ 暴風雨

🔥 野火

🕇 乾旱

🌡 熱浪

💧 洪災

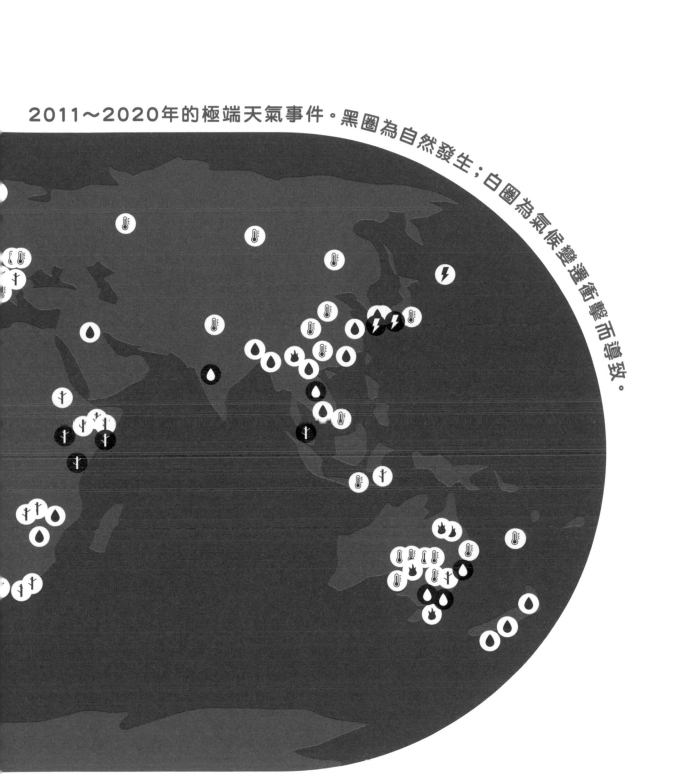

2011～2020年的極端天氣事件。黑圈為自然發生；白圈為氣候變遷衝擊而導致。

全球暖化如何導致洪災與乾旱？

較熱的空氣會使水氣滯留較久

熱空氣與水蒸氣隨風移動

暖空氣使水蒸氣上升

地表溫度提升，表示有更多水分從沙漠中蒸發，使沙漠更乾燥。

暴雨使陸地沒有足夠時間吸收雨水

意謂著更劇烈
的降雨

60%的
降雨在海洋
上方形成

熱空氣與水蒸氣
隨風移動

暖空氣使水蒸氣上升

河水暴漲導致洪災

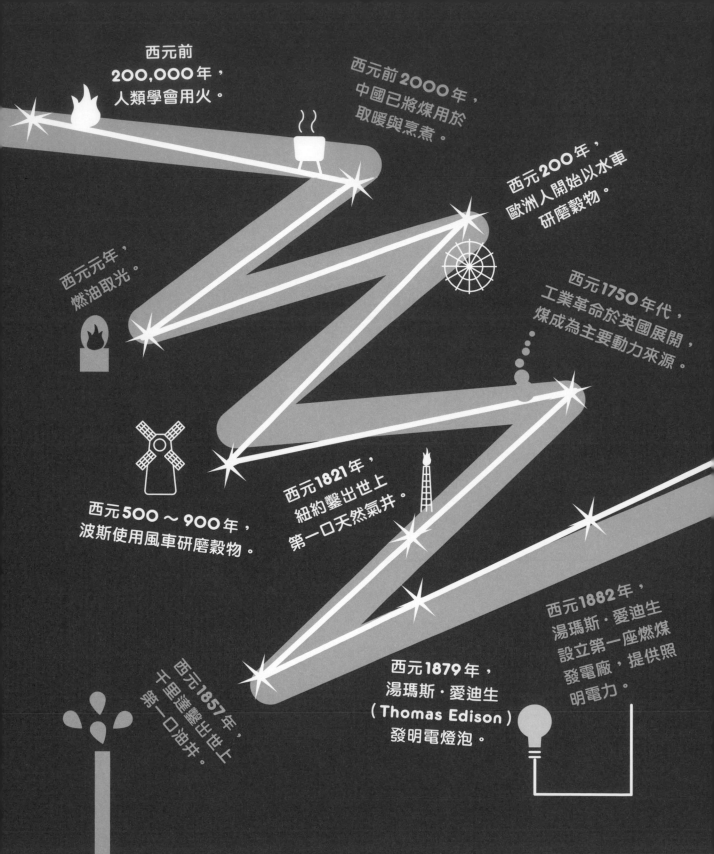

西元前 200,000 年，人類學會用火。

西元前 2000 年，中國已將煤用於取暖與烹煮。

西元 200 年，歐洲人開始以水車研磨穀物。

西元元年，燃油取光。

西元 1750 年代，工業革命於英國展開，煤成為主要動力來源。

西元 500 ～ 900 年，波斯使用風車研磨穀物。

西元 1821 年，紐約鑿出世上第一口天然氣井。

西元 1857 年，羅馬尼亞鑿出世上第一口油井。

西元 1879 年，湯瑪斯·愛迪生（Thomas Edison）發明電燈泡。

西元 1882 年，湯瑪斯·愛迪生設立第一座燃煤發電廠，提供照明電力。

能源簡史

西元1938年，
沙烏地阿拉伯發現
世界最大的油田。

西元1950年，
蘇聯建造全球第一座
核能發電廠。

西元1954年，
貝爾實驗室的科學家
研發出第一片太陽能板。

西元1980年代，
科學家發現燃燒
化石燃料會對地
球氣候產生災難
性影響。

西元1978年，
全球第一座風力
發電廠落成。

西元2006年，
原油產量達到
一天700億桶。

西元2021年，
上百個國家以
2050年達成淨
零排放為目標。

化石燃料如何產生能源？

燃燒化石燃料
會釋放二氧化碳
於大氣中

化石燃料（天然氣、石油、煤）從地底開採

燃燒燃料以加熱水分

水轉化為蒸氣並推動渦輪

渦輪啟動發電機，將動能轉換為電力。

每人每年因燃燒化石燃料而排放幾公噸的二氧化碳

煤 1.79

石油 1.42

天然氣 0.95

再生能源如何運作？

太陽能發電

陽光（太陽輻射）

水力發電

水流轉動渦輪（大輪子）

風力發電

葉片旋轉

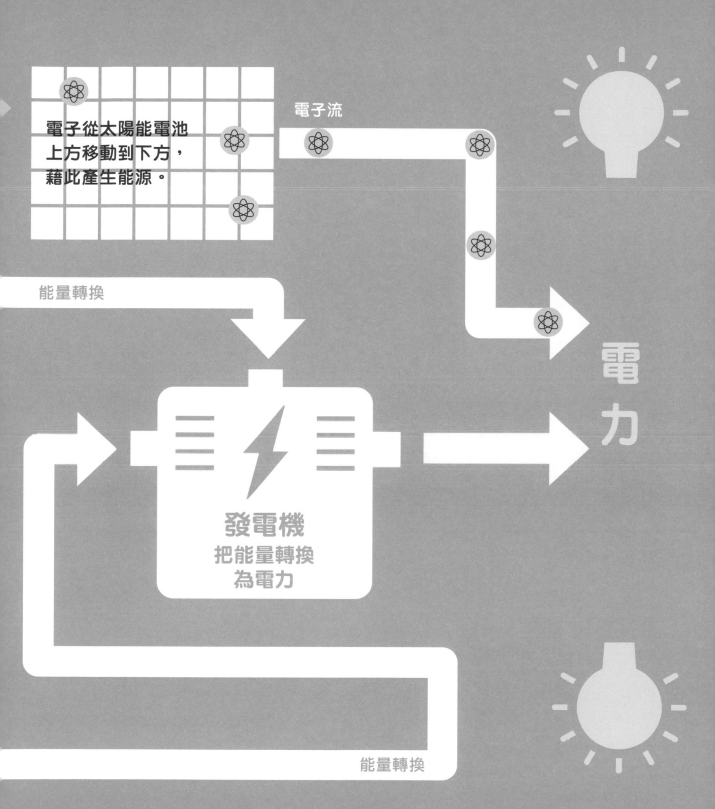

電子從太陽能電池
上方移動到下方,
藉此產生能源。

電子流

能量轉換

發電機
把能量轉換
為電力

電
力

能量轉換

綠色能源有多環保？

產生
每千瓦電力
會製造幾公克
二氧化碳？

火力發電會製造
1001公克的二氧化碳，
若按照排放量比例，繪製
成如下方的圓圈，其大小
約莫有本書頁面7倍大。

地熱發電
二氧化碳
45公克

太陽能發電
二氧化碳
22公克

水力發電
二氧化碳
20公克

風力發電
二氧化碳
12公克

哪個國家使用最多（但仍不夠多）再生能源？

	百分比	國家
/////////////////////////////	13%	德國
/////////////////////////////	12%	英國
/////////////////////////////	11%	瑞典
/////////////////////////////	10%	西班牙
/////////////////////////////	9%	義大利
/////////////////////////////	7%	巴西
/////////////////////////////	5%	日本
/////////////////////////////	5%	土耳其
/////////////////////////////	5%	澳洲
/////////////////////////////	4%	美國

運輸的碳成本

每位乘客的每公里二氧化碳排放量

 飛行 255 公克

汽油車（1 位乘客）190 公克

汽油車（2 位乘客）95 公克

 火車 40 公克

 公車 38 公克

 自行車 0 公克／無／零

汽車排放量

每公里二氧化碳排放量

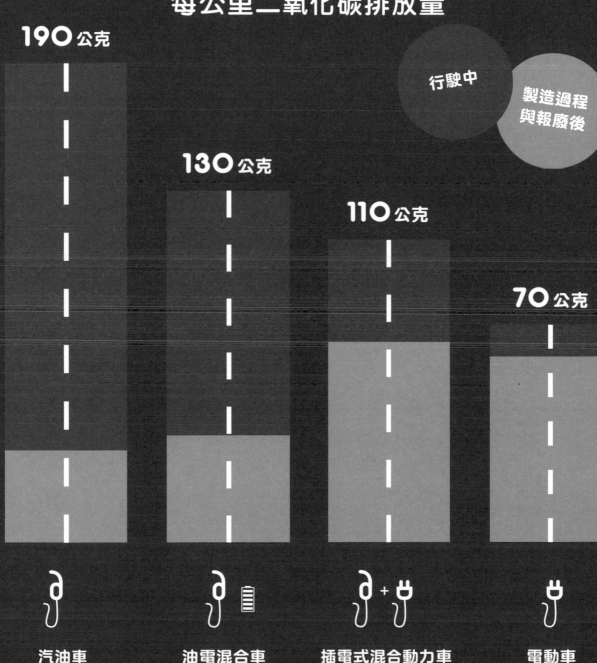

行駛中

製造過程與報廢後

190公克

130公克

110公克

70公克

汽油車

油電混合車

插電式混合動力車

電動車

哪個國家製造最多旅行碳足跡？

每人平均二氧化碳排放量，單位為公噸*

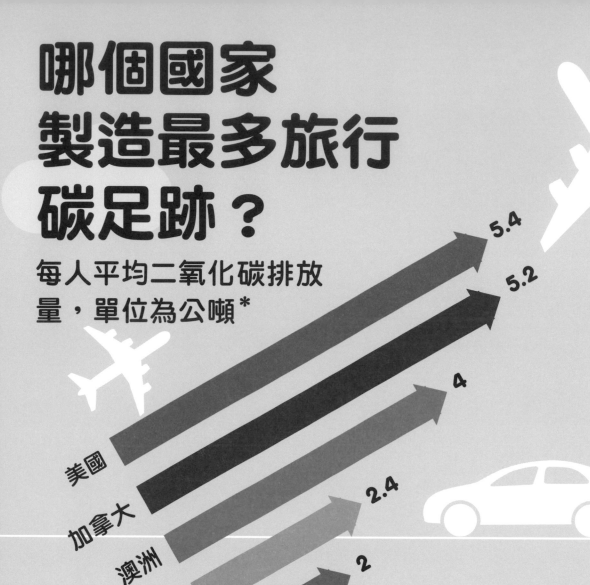

美國 5.4
加拿大 5.2
澳洲 4
挪威 2.4
荷蘭 2
英國 2
中國 0.7
印度 0.2

*不包含國際航空旅行

哪個國家使用最多電動小客車？

每千人持有的電動車數量

挪威
81

冰島
37

瑞典
21

荷蘭
11

德國
9

法國
7

英國
7

美國
5

享用最愛美食，
代價知多少？

1. 選擇主餐

漢堡 12
美味的牛肉餅夾在圓麵包之間

素食漢堡 1
植物漢堡排、圓麵包、生菜萵苣

魚 3
經過拍打、油炸的白肉魚

披薩 6
塗上番茄醬汁、撒上乳酪的木炭火烤披薩

雞肉捲 6
將烤雞、生菜、美乃滋包入墨西哥薄餅中

熱狗堡 7
圓麵包夾豬肉腸

2. 選擇附餐

多一片漢堡肉排.................**11**

乳酪 **4**

薯條 **3**

乳酪薯條 **6**

沙拉 **1**

培根╱火腿 **3**

代價有多高？

35 以上 — 糟透了
二氧化碳排放量：超過6.5公斤

25 ～ 35 — 非常糟
二氧化碳排放量：5 ～ 6.5公斤

15 ～ 25 — 不太好
二氧化碳排放量：2.5 ～ 5公斤

10 ～ 15 — 不算太糟
二氧化碳排放量：1.5 ～ 2.5公斤

10 以下 — 好
二氧化碳排放量：0.2 ～ 1公斤

3. 內用或外帶？

內用..................................**2**
置於餐盤上

外帶..................................**4**
放在紙盒、紙袋或保麗龍盒內

養殖動物
需要很大的空間

肉類、乳製品、
放牧和種植動物
飼料所需的空間，
占全球陸地
總面積 27%

跟這裡
一樣大

我們吃了什麼？

每年二氧化碳排放量，以公噸為單位

3.3	2.5	1.9	1.7	1.5
「我超愛吃肉」	「我吃肉」	「吃肉但不吃牛肉」	「肉？才不要！」	「我吃素」

想來點水果嗎？

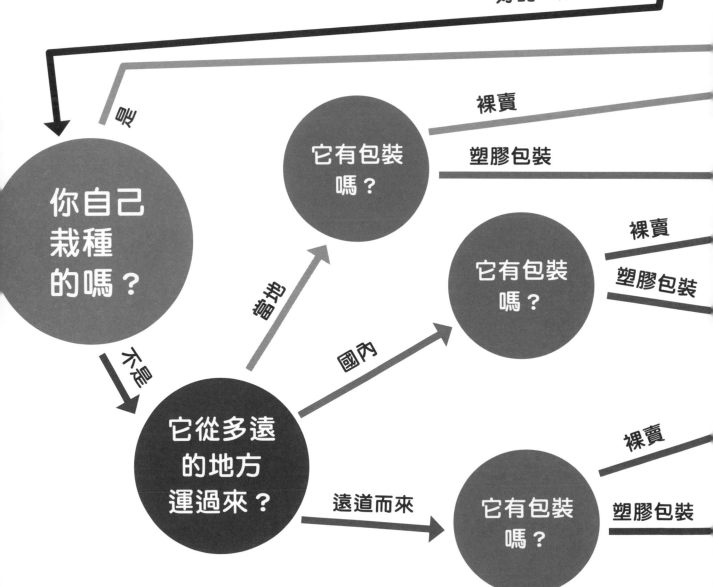

好的，麻煩了。

你自己栽種的嗎？

是

不是

它從多遠的地方運過來？

當地

國內

遠道而來

它有包裝嗎？

它有包裝嗎？

它有包裝嗎？

裸賣

塑膠包裝

裸賣

塑膠包裝

裸賣

塑膠包裝

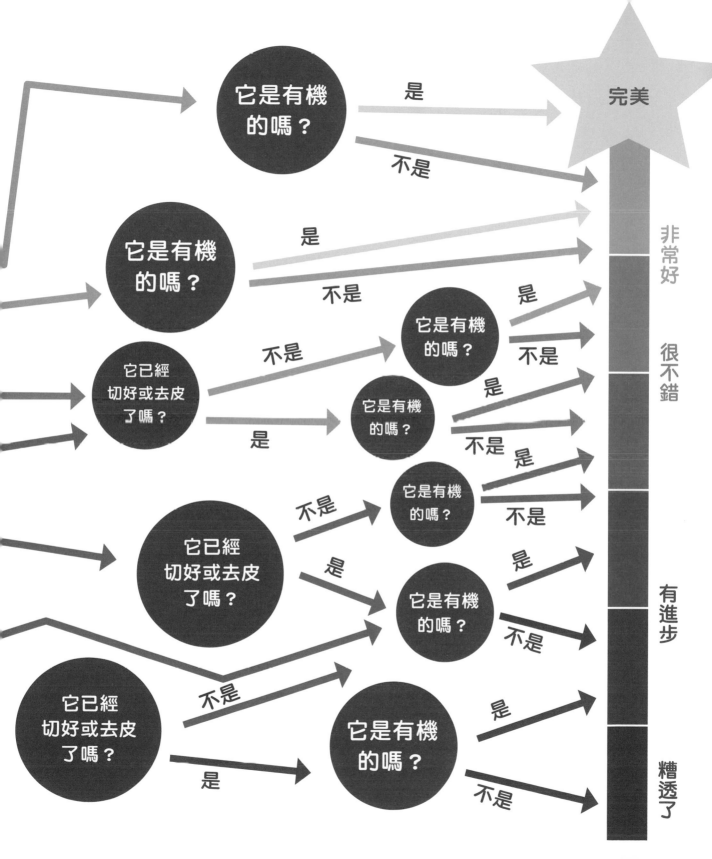

吃蟲救地球

你沒看錯

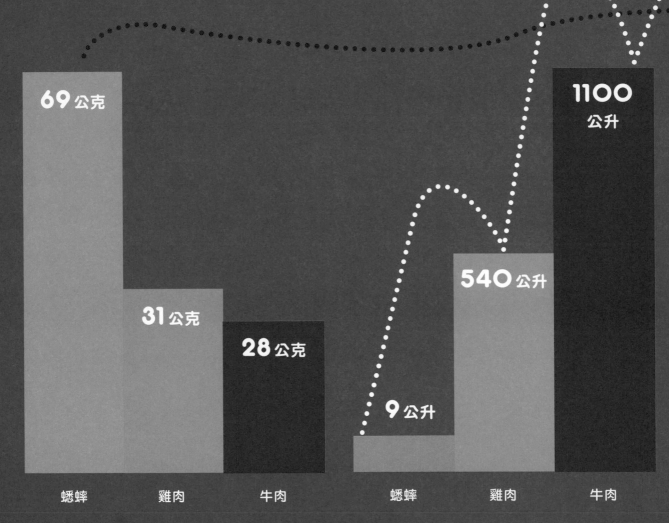

	蟋蟀	雞肉	牛肉
蛋白質含量	69公克	31公克	28公克
需要幾公升的水	9公升	540公升	1100公升

蛋白質含量
每100公克

需要幾公升的水
每100公克

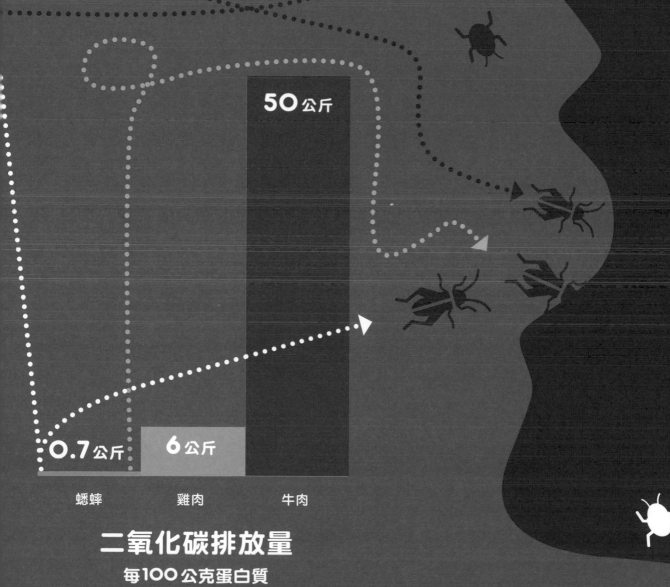

吃你買的
買你吃的

25%
的二氧化碳
排放量來自
食品製造

25%
的食品
從未被食用，
這表示全球有
6.25% 的
二氧化碳排放量
來自於
被浪費的食物

被送去掩埋場的
食物，會釋放甲
烷這種有害的溫
室氣體。

什麼食物最常被浪費？

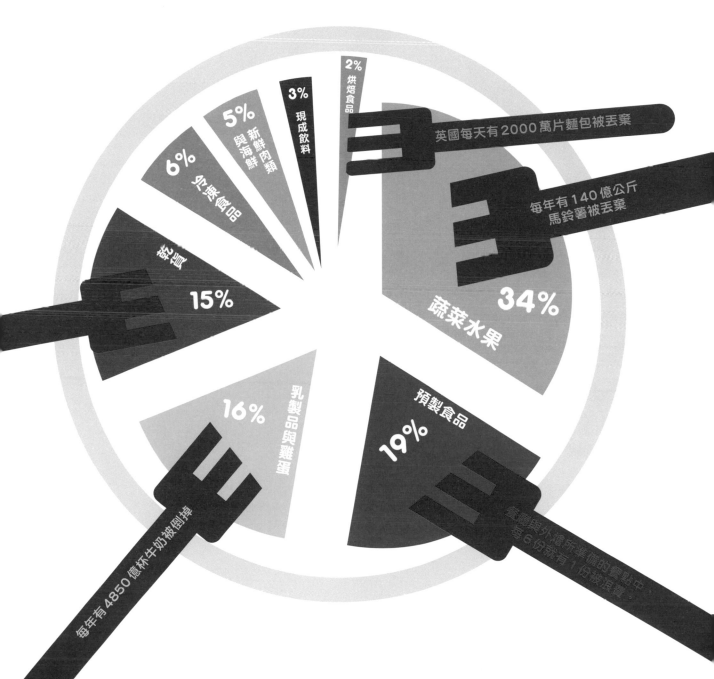

- 2% 烘焙食品
- 3% 現成飲料
- 5% 新鮮肉類與海鮮
- 6% 飲料食品
- 15% 乾貨
- 16% 乳製品與雞蛋
- 19% 預製食品
- 34% 蔬菜水果

英國每天有 2000 萬片麵包被丟棄

每年有 140 億公斤馬鈴薯被丟棄

每年有 4850 億杯牛奶被倒掉

餐廳與外燴所準備的餐點中，每 6 份就有 1 份被浪費。

能改變什麼？回收被浪費的食物

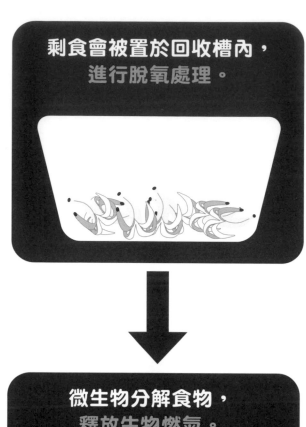

剩食會被置於回收槽內，進行脫氧處理。

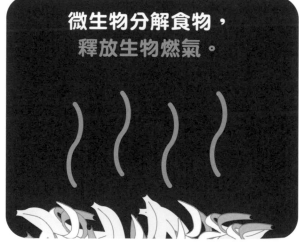

微生物分解食物，釋放生物燃氣。

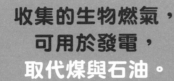

收集的生物燃氣，
可用於發電，
取代煤與石油。

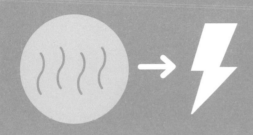

回收一根香蕉皮
所創造的能源，
足夠替兩支手機充電。

餿水可以當作
生物肥料，
取代化學肥料。

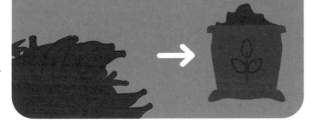

肥料能幫助更多食物生長，
但願這些食物
不會再被浪費。

身上衣物的環境成本

每秒鐘就有
滿滿一垃圾車
的衣物被送去
垃圾場或焚化爐

60%
的衣物原料是
塑膠

製造一件
純棉 T 恤需要消耗
3,000
公升的水

每年有
300,000,000
只鞋被丟棄

運動鞋產業每年製造的
二氧化碳量，等同於
66,000,000 輛車。

8%
的全球排放量

時尚業製造的二氧化碳排放量，是全球所有飛機與船舶合併排放量的兩倍。

延長衣物的壽命，可降低其對環境的影響。

現代人購買衣物的數量，比起 2000 年增加了
60%
但持有時間卻減半

自 1960 年起，紡織品的浪費增加了
810%

20%
的衣物從未被穿過

研究顯示，人們平均穿用 7 ～ 10 次後，便會將衣物丟棄。

全球
電子垃圾

不需要的、無法運作的、快要或已經壽終正寢的電子產品

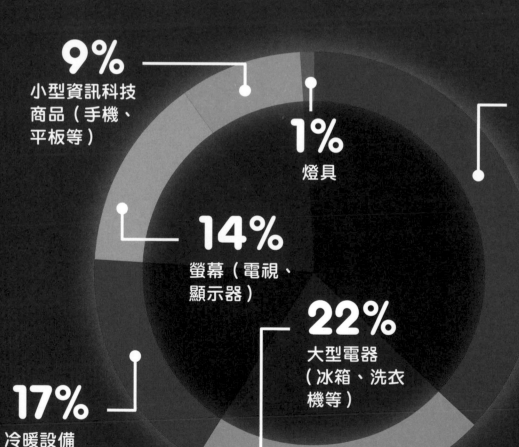

9%
小型資訊科技
商品（手機、
平板等）

1%
燈具

37%
小型物品
（熨斗、電熱
水壺、烤麵
包機等）

14%
螢幕（電視、
顯示器）

22%
大型電器
（冰箱、洗衣
機等）

17%
冷暖設備
（暖氣、空調等）

電子垃圾

根據目前成長率所預測的每年電子
廢棄物總量，單位為百萬公噸。

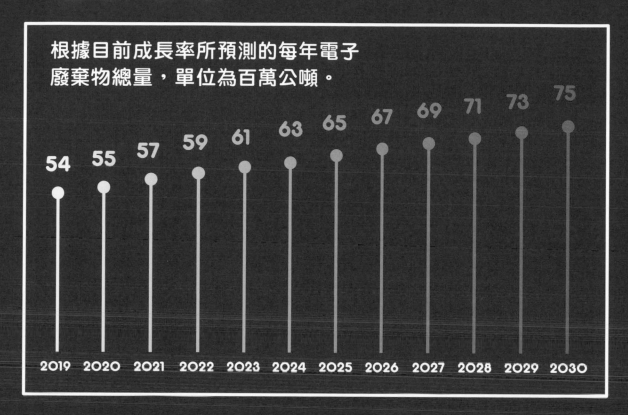

54 — 2019
55 — 2020
57 — 2021
59 — 2022
61 — 2023
63 — 2024
65 — 2025
67 — 2026
69 — 2027
71 — 2028
73 — 2029
75 — 2030

17%
電子垃圾
被回收

83%
電子垃圾
沒有被回收

未被妥善丟棄的
有毒元素會滲入地底

鉛　　　砷

鈹

銻

如果你無法減少消費，也無法重複使用，那就回收吧

5%
地球人口

製造出超過
40%
的地球垃圾

回收
一個塑膠瓶
所省下的能源，
足以點亮一個
燈泡長達
6 小時。

鋁易於回收,並且可無限次回收再利用。在英國

69%

的鋁罐被回收

玻璃罐也可以
被無限次回收

回收1公噸的紙
可以拯救

17棵樹

如果英國多回收10%的紙張,
每年可以拯救500萬棵樹

高達 **60%**
垃圾桶裡的垃圾
可回收再利用

而中國則有

99.5%

的鋁廢料被回收

英國生產的垃圾,只有

17%

被回收再利用(並不多)。

回收紙板,可以節省

25%

製造新紙板所需的能源。

只有 **47%**

的電池被回收
電池含有危險化學物質,
包括鉛、鎘、鋅、鋰和汞。

我們該
怎麼處理所有
的物品？

購買前問
自己

當物品由原物料
製成時，會耗用
大量能源。

它是由回收材料製成的嗎？

你真的需要它嗎？

可以買二手貨嗎？

可以，
很棒。

它是由新材料製成的嗎？

你真的需要它嗎？

是，我真的需要它

?

你真的需要它嗎？

不需要

可以

不要買

完美

物品
經常被
使用

很好

你不需要它了

太棒了

可以

它可以
被回收嗎？

使用過度導致損壞

你有點膩了

可以
修理嗎？

可以轉讓
給其他人
使用嗎？

不行

不行

不行

如果我們不減量消費、重複使用或回收，
物品最終會流向垃圾掩埋場，
然後滲入土壤並排放有害物質。

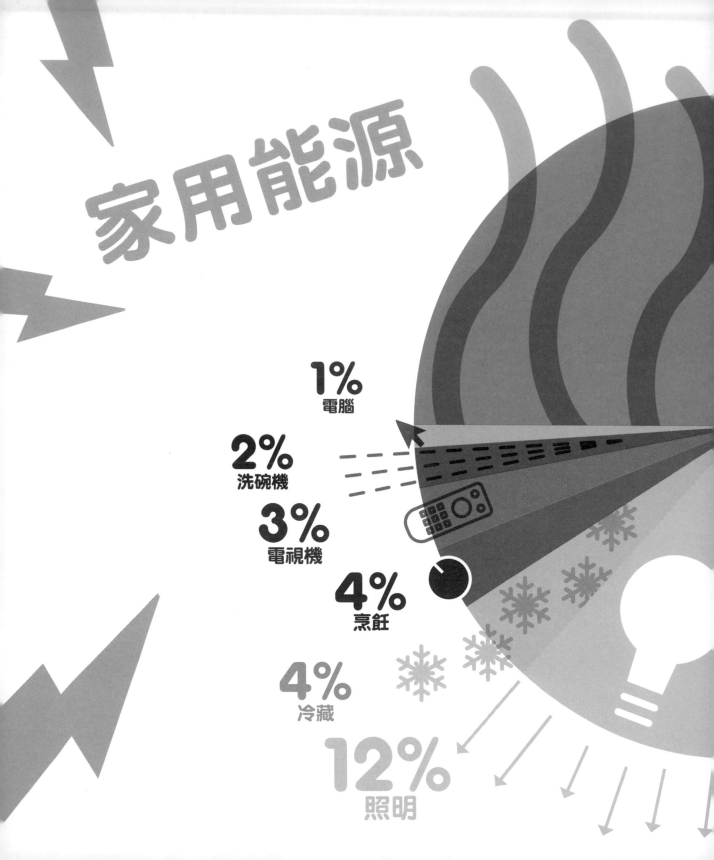

家用能源

1%
電腦

2%
洗碗機

3%
電視機

4%
烹飪

4%
冷藏

12%
照明

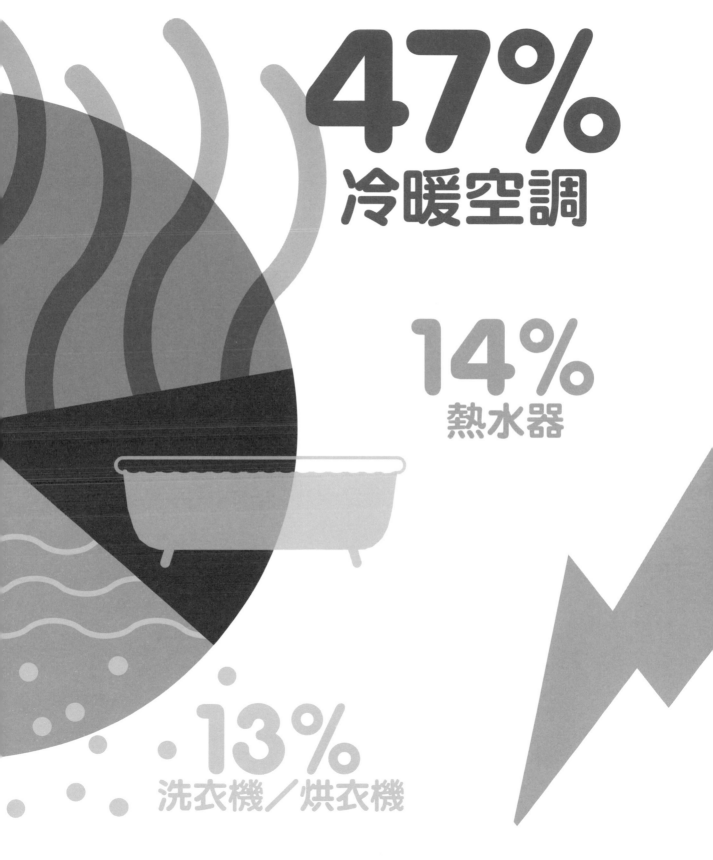

我們早就意識到
這個問題

1896
科學家斯萬特‧阿瑞尼斯
（Svante Arrhenius）發現
燃煤會增加二氧化碳排放量

1903
發現二氧化碳增加
會導致地球暖化

地球日

1969
美國國家航空暨太空總署
（NASA）的 Nimbus III
衛星，首次記錄到精確
的全球大氣溫度。

1970
有史以來首次的
地球日，提升人
們對污染和有毒
廢棄物的意識。

1985
科學家們發現南
極洲上方的臭氧
層出現破洞

1988
聯合國成立政府
間氣候變遷專門
委員會（IPCC）

1992
科學家們發現，海中
二氧化碳增加會導致
珊瑚礁難以成形。

1994
197個國家簽署了
第一個全球性對抗
氣候變遷公約

1957
羅傑·雷維爾（Roger Revelle）與
漢斯·蘇斯（Hans Suess）發現工
業排放的二氧化碳累積於大氣中

1958
「我們在無意間，可能正透過
文明社會的廢棄物改變了世界
氣候。」在電視上播出。
（註：出自1958年的環保動畫影片
《解放的女神》〔The Unchained
Goddess〕。）

1950年代
科學家們意識
到北極海冰正
在縮小。

1968
約翰·默瑟博士（Dr. John
Mercer）警告，全球暖化可
能會導致南極洲冰蓋融化，
造成海平面上升。

1967
根據地球氣候電腦模型
的估算，若大氣中二氧
化碳濃度倍增，可能會
使全球氣溫升高2℃。

2003
科學家表示，
極端天氣與氣
候變遷相關。

2016
全球氣溫達到有記錄以
來的最高峰，比起工業
化之前高出 1.1℃。

2019
聯合國報告指出，氣候
變遷和其他人為影響，
正在對生物多樣性產生
威脅：「若不採取行動，
約有 100 萬個物種會面
臨滅絕。」

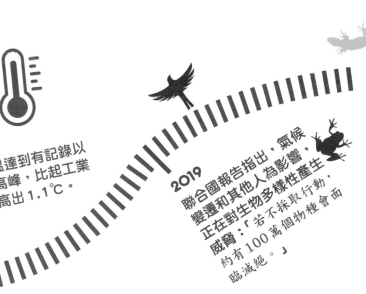

2014
政府間氣候變遷專門委
員會的報告指出：「近
年來，人類排放的溫室
氣體達到歷史新高。」

這些大事可以幫助你減少碳排放

每年可減少幾公噸的二氧化碳排放量

0.7

0.5

0.5

吃素

0.2

0.2

回收

不要使用滾筒式烘衣機

將汽油車換成混合動力車

一年少買5件衣服

2.4

過無車生活

1.5

1.7

1.3

改用
電動車

減少一次長
途來回飛行

使用可再生
能源電力

0.8

吃純素

我們不需要
少數人達成
完美的零浪費。
我們需要數百萬人去
不完美地執行它。

——安 - 瑪麗 · 伯諾（Anne-Marie
Bonneau），零浪費廚師

這些居家小事
也能產生巨大影響

安裝太陽能板

使用隔熱建材
以保持溫度穩定

以快速淋浴
取代泡澡

封緊門窗，
使熱氣不會
輕易散逸。

收集雨水

種植樹木
和灌木叢

自己種植
蔬菜

選擇可再
生能源供
應商

改用節能
LED 照明

讓你的草坪自然生長

減少碳足跡 10 招

1 不要買超過需求量的食物

2 減少購物，多買二手商品。

3 少喝瓶裝水

4 電器閒置時拔掉插頭

5 少吃肉（特別是紅肉）或者完全不吃

6 購買在地蔬果

7 垃圾減量，落實資源回收。

8 隨手關燈

9 暖氣調低溫度、冷氣調高溫度。

10 與其開車，不如步行或騎自行車。

如何成為 ......

有點餓？

有點無聊？

該穿什麼？

買一件遠方製造的T恤

吃個漢堡

吃些蔬菜水果

要去某個地方？

開車

搭飛機

買二手衣

走路或騎自行車

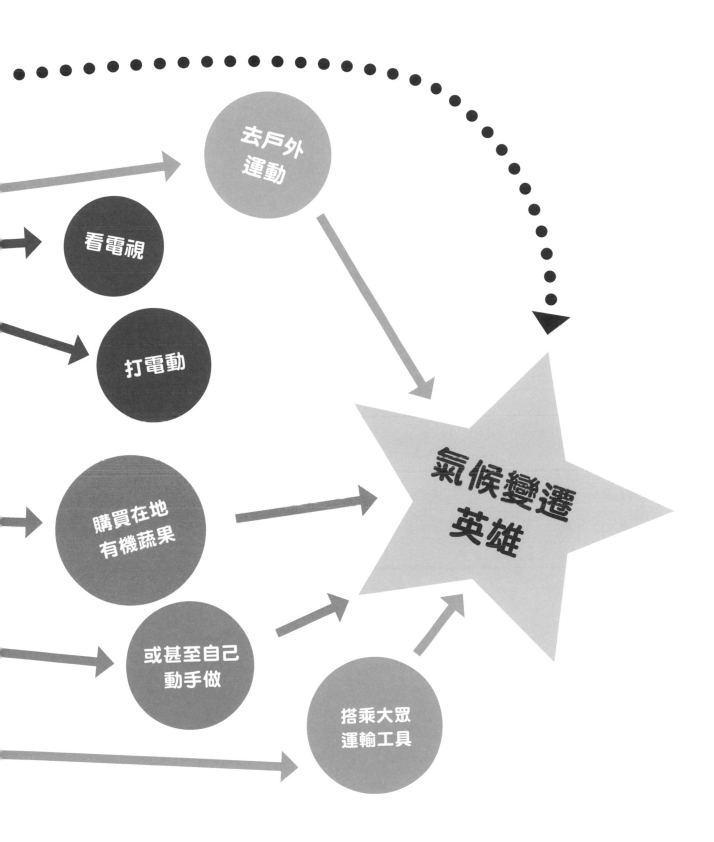

去戶外
運動

看電視

打電動

購買在地
有機蔬果

或甚至自己
動手做

搭乘大眾
運輸工具

氣候變遷
英雄

掌權的人們可以做些什麼？

保護海洋

保護森林

停止使用化石燃料

投資再生能源

減少使用
塑膠

復原
自然棲地

建造更多
永續住宅

農業升級

支持
少肉飲食

增建
自行車道

支持
永續旅行

在編寫本書的過程中，我收到許多不同的意見與數據。數字通常會有各種解讀方式，有時即使最可靠的資料來源也會自相矛盾。

我盡量對讀過、看過的所有資訊保持開放態度，並且自問一些問題，例如：

作者或研究人員有多專業？
資訊有多新？
文章來源是否可信？
文章語氣是否過於憤慨？

在此，我要感謝那些辛勞付出以提供這些資訊的人們。還要感謝悉佳達出版社（Cicada Books）的齊格（Ziggy）邀請我編寫本書，並一路上提供協助。我學到了比想像中更豐富的知識，並因此改變了許多懶惰的習慣，希望能對環境有些幫助。

感謝你閱讀本書。我希望它對你也能有所影響。

看圖秒懂地球改變中：氣候暖化的冷數據

作　　者—大衛‧吉柏森　　　發　行　人—蘇拾平
　　　　　（David Gibson）　總　編　輯—蘇拾平
譯　　者—曾智緯　　　　　　編　輯　部—王曉瑩、曾志傑
特約編輯—洪禎璐　　　　　　行　銷　部—陳詩婷、蔡佳妘、廖倚萱、黃羿潔
　　　　　　　　　　　　　　業　務　部—王綬晨、邱紹溢、劉文雅

出 版 社—本事出版
　　　　　新北市新店區北新路三段207-3號5樓
　　　　　電話：(02) 8913-1005　傳真：(02) 8913-1056
　　　　　E-mail：motifpress@andbooks.com.tw
發　　行—大雁文化事業股份有限公司
　　　　　地址：新北市新店區北新路三段207-3號5樓
　　　　　電話：(02) 8913-1005
　　　　　傳真：(02) 8913-1056
　　　　　E-mail：andbooks@andbooks.com.tw
劃撥帳號—19983379　戶名：大雁文化事業股份有限公司
封面設計—COPY
內頁排版—陳瑜安工作室
印　　刷—上晴彩色印刷製版有限公司
2023 年 11 月初版
定價　台幣450元

Changing World: Cold Data for a Warming Planet by David Gibson
Copyright: Text and Illustration © Dave Gibson
Published by Cicada Books 2022
This edition arranged with Marco Rodino Agency
through BIG APPLE AGENCY, INC., LABUAN, MALAYSIA.
Traditional Chinese edition copyright:
2023 Motifpress Publishing, a division of And Publishing Ltd.
All rights reserved.

缺頁或破損請寄回更換
歡迎光臨大雁出版基地官網 www.andbooks.com.tw 訂閱電子報並填寫回函卡

國家圖書館出版品預行編目資料

看圖秒懂地球改變中：氣候暖化的冷數據
大衛‧吉柏森（David Gibson）／著　曾智緯／譯
一.初版.— 臺北市；本事出版：大雁文化發行， 2023年11月
面　 ；　公分.–
譯自：Changing World：Cold Data for a Warming Planet
ISBN 978-626-7074-63-3（平裝）
1. CST: 全球氣候變遷　2. CST: 地球暖化　3. CST: 統計圖表
328.8018　　　　　　　　　　　　　　112013934